野生动物大探秘

雨林动物探秘

[英] 北巡出版社 ◎ 编
张琨 ◎ 译

甘肃科学技术出版社

图书在版编目（CIP）数据

雨林动物探秘 / 北巡出版社编 ； 张琨译． -- 兰州 ：
甘肃科学技术出版社， 2019.12
ISBN 978-7-5424-2736-6

Ⅰ．①雨… Ⅱ．①北… ②张… Ⅲ．①动物－儿童读
物 Ⅳ．①Q95-49

中国版本图书馆 CIP 数据核字（2020）第 013520 号

雨林动物探秘

［英］北巡出版社 编
张琨 译

责任编辑 何晓东

出 版 甘肃科学技术出版社
社 址 兰州市读者大道 568 号 730030
网 址 www.gskejipress.com
电 话 0931-8125103（编辑部）0931-8773237（发行部）
京东官方旗舰店 https://mall. jd. com/index-655807.html

发 行 甘肃科学技术出版社 印 刷 凯德印刷（天津）有限公司
开 本 889mm×1194mm 1/16 印 张 3 字 数 50 千
版 次 2020 年 10 月第 1 版 2020 年 10 月第 1 次印
刷书 号 ISBN 978-7-5424-2736-6
定 价 48.00 元

目录

雨林动物探秘

雨林生活

顾名思义，雨林中降雨充沛，这有助于森林的生长。雨林是数百万种不同植物和动物的家园。

不同层级

雨林中存在不同的层级，每层都有各种各样的动物。最高的树顶组成了露生层，茂密的树叶组成了树冠层。这两者是昆虫、鸟类、爬行动物、哺乳动物和一些两栖动物的家园。地面和树冠之间较暗的区域属于林下叶层，是蝴蝶和鸟类的家园。雨林的地表上生活着各种各样的生物。

▲ 腐烂的树叶和死去的动物提供了营养，保留了水分，补充了土壤。

▲ 雨林是一个拥有众多食物和药品来源的丰富仓库。

感谢热带雨林

热带雨林覆盖了7%的地表面积。雨林的地表有一层厚度达7.8～10厘米的土壤，这种土壤富含腐烂的树叶和死去的动物尸体。雨林的树木吸收二氧化碳并产生大量人们需要呼吸的氧气。雨林中的树木还能结出坚果、香蕉、肉豆蔻、咖啡和茶等食物，以及橡胶等有用的材料。我们还能从长春花和金鸡纳等植物中获得药物。

雨林中的动物

雨林中的动物种类繁多，生机勃勃。事实上，全世界一半以上的动物都生活在雨林中。这主要是因为雨林气候温暖、水分充足，动物可以很舒适地在这里生活。有些动物还培养出了独特的自我保护方法：手杖昆虫善于伪装，如果它一动不动，就谁也看不见它；树懒行走时步伐缓慢，这让它不被捕食者发现；珊瑚蛇有毒，能在几分钟内杀死敌人；麝雉能发出难闻的气味，把敌人吓退；在吃掉蚂蚁之前，甲虫、黄蜂和千足虫通过效仿蚂蚁的气味来愚弄蚂蚁大军。

雨林中的植物

由于植物需要光照生存，所以不同品种的植物分别以不同方式来适应通常非常阴暗的环境。兰花生长在高高的树上，它的气生根能吸收空气中的水分；蕨类植物生长在树上；藤本植物或攀爬植物会把气生根垂下来，有助于小株的植物向上攀爬。雨林的树冠层遮挡了大部分阳光，所以树木必须快速生长才能获得光照，这就是为什么它们长得又高又细。有些树，比如红树林，会从树干长出支柱根，帮助树木保持平衡。巨大的树叶也有助于尽可能多地吸收阳光，有些树上甚至长着能够随着太阳的移动而移动的叶柄，以最大限度地获取阳光。

▼ 树蛙通常没有蹼，相反，它们的脚趾很黏，能帮助它们爬树。

两栖动物

蚓螈、蝾螈和青蛙都是雨林中的两栖动物。因为两栖动物通过皮肤呼吸，它们必须保持皮肤的湿润，所以它们大部分时间都在水中度过。

蚓螈

因为看起来像蚯蚓或鳗鱼，所以蚓螈被称为橡胶鳗或西西里蠕虫。事实上，蚓螈两种都不是，它是两栖动物。蚓螈在雨林潮湿的土壤中挖洞。这种脊椎动物有下颚和两排牙齿。它的双眼几乎是失明的，要靠触手感觉着行动。蚓螈体长12.7～35.5厘米，宽0.6～2.5厘米，以昆虫和蠕虫为食，鸟类、鱼类和蛇类都是它的天敌。

▲ 无肢的蚓螈身体上有圆形的凹槽，这使得它们看起来像蚯蚓。

▼ 虎螈主要生活在陆地上，通常回到水中繁殖后代。

蝾螈

蝾螈身体纤细，腿短，尾巴长。它们看起来像蜥蜴，却没有鳞片。和蜥蜴一样，这些脊椎动物失去肢体后，还能够再生。它们中大多数没有肺或者鳃——它们靠湿润的皮肤呼吸。大多数雌性蝾螈在水中产卵。蝾螈有着色彩明亮的表皮，但可能有毒。一旦遭到戏弄，有些蝾螈就会分泌皮肤中的毒液来保护自己。蝾螈吃昆虫和蠕虫，却是蜥蜴、鸟类和蛇的美餐。

呱呱！

青蛙是雨林中最常见的两栖动物，品种繁多。大多数青蛙生活在树上，有些看起来像枯叶，这能帮助它们躲避敌人。有些青蛙在夜间活动，如中美洲和南美洲北部的红眼树蛙。除了又大又红的眼睛和红色的脚，这些青蛙是亮绿色的，体侧为蓝色，还有黄色的条纹。而透过半透明玻璃青蛙的皮肤，可以直接看到它的心脏和其他器官。

▲ 红眼树蛙的绿色皮肤有助于它在树叶之间藏身。

动物档案

金色箭毒蛙

体　　长：约3.5 厘米

重　　量：约28 克

寿　　命：约10 年

饮　　食：蜘蛛和昆虫

威　　胁：人类

保护状态：濒危

箭毒蛙

这种微小的箭毒蛙能从背部分泌出致命的毒素。生活在热带雨林的人们把这种毒药涂在箭头上用于打猎。这些青蛙的皮肤上有明亮的斑纹，以警告捕食者以它们为食很危险。毒性最强的是哥伦比亚的金箭毒蛙——人只要用舌尖舔一下它的背部，就可能一命呜呼！

▼ 这些青蛙的毒素来自于吃有毒的昆虫。

▼ 大多数箭毒蛙生活在地面的落叶层里，并在白天捕食小昆虫。

雄性蜥蜴有两个冠，一个在头上，另一个在背部。

蜥　蜴

雨林里有各种蜥蜴，如壁虎、鬣蜥、水龙和变色龙。这些爬行动物拥有独特的适应性，能帮助它们在栖息地中舒适地生存下来。

蛇怪

还记得被哈利·波特杀死的巨蛇吗？雨林的凤头蛇怪以同样的神话怪物命名，人们相信，这种怪物看人一眼就能杀人！不过，雨林蛇怪实际上是无害的，而且善于攀爬。雄性蛇怪的身体上有两个冠，而雌性蛇怪却只有一个。它们能穿过水面，用长长的鞭状尾巴保持平衡，长有鳞片的脚趾可以踩水。蛇怪体长0.6～0.8米，吃昆虫、蜘蛛和蠕虫，反过来又会被蛇和大型鸟类捕食。

伞蜥蜴

伞蜥蜴也被称为褶边蜥蜴，生活在澳大利亚北部和新几内亚的树上。它的头部周围有皮膜，当处于危险之中时，褶边蜥蜴会打开皮膜，展开18～34厘米宽的巨大皮膜，以吓跑敌人。伞蜥蜴体长超过20厘米，靠四肢行走。当受到惊吓时，它们靠后腿挣脱，这就是为什么它们也被称为自行车蜥蜴。伞蜥蜴吃昆虫和小蜥蜴。

除了有助于吓唬食肉动物外，打开的皮膜还能帮助蜥蜴调节体温。

壁虎家族包括700 多个品种。

壁虎

壁虎是唯一一种能发出声音的蜥蜴。它们视力良好，适合在晚上猎食。壁虎吃昆虫，有时甚至吃自己的卵。蛇是壁虎最大的天敌。北方叶尾壁虎的大尾巴看起来像一片叶子，长度为15～35厘米。

科莫多巨蜥

凶猛的科莫多巨蜥是世界上体形最大的蜥蜴。它们生活在印度尼西亚，由科莫多岛得名。它们有强壮的下颌、分叉的舌头和锋利的爪子。它们在白天很活跃，擅长跑步、登山和游泳。它们捕杀各种动物，有时甚至攻击人类，也以死亡的动物为食。被科莫多巨蜥咬伤可能会死，因为它们嘴里有致命的细菌，会导致受害者的血液感染。

动物档案

科莫多巨蜥

体　　长：2 ～3.13 米

重　　量：68 ～166 千克

寿　　命：约30 年

饮　　食：食肉

威　　胁：人类

保护状态：易危

估计数量：3 000 只

科莫多巨蜥行动敏捷，体格健壮，能以大约每小时18 千米的速度奔跑。

凯门鳄和鳄鱼

凯门鳄、短吻鳄和鳄鱼都属于鳄目。许多大型半水生爬行动物都可以在热带雨林中找到。

▲ 在水里的时候，凯门鳄的蹼和长尾能帮助它游泳并控制方向。

凯门鳄

凯门鳄长得和鳄鱼很像，但身形又小又宽。它们体长1.5～2.7米。凯门鳄大约有六个亚种，其中眼镜凯门鳄最为常见。由于体形适中，它们与侏儒凯门鳄一起被广泛用于宠物贸易。体形最大的是黑凯门鳄，体长可达6米。这些危险的怪物主要分布在亚马孙河流域。

短吻鳄

除了中国短吻鳄，大多数短吻鳄都原产于美国的热带雨林。短吻鳄是优秀的猎手，有强大的视觉、听觉以及良好的敏捷性，这有助于它们轻松捕捉水生和陆生动物。众所周知，它们在旱季会建造鳄鱼洞或水池。

▼ 所有鳄目动物的眼睛都长在头顶，它们即便是在水中也能看到东西。

鳄鱼

鳄鱼的名字来自希腊语中的“kroke”和“drilos”，意思是鹅卵石上的蠕虫。它们是自恐龙时代以来，几乎没有什么变化的动物。与其他爬行动物不同，鳄鱼的心脏有四个腔室。鳄鱼喜欢缓慢流淌的河流和湖泊，居住在沼泽地中。它们的踪迹遍布从南美洲到澳大利亚的雨林。

▶ 鳄鱼是伏击者，它等待猎物，一旦猎物靠近就会攻击。

动物档案

咸水鳄

体　　长：2.5 ~7米

重　　量：76 ~1000千克

寿　　命：70 ~100年

饮　　食：食肉

威　　胁：人类

保护状态：低危

估计数量：100 000 ~200 000只

夺命的下颌

鳄鱼几乎吃任何牙齿能咬到的东西。它们强大的下颌和锋利的圆锥形牙齿能帮它们抓住猎物。然而，它们很难把肉撕裂，所以往往会把食物整个吞下。有些鳄鱼会像澳大利亚咸水鳄一样，游到海里寻找食物。咸水鳄是地球上最大的爬行动物，它们和其他体形较大的鳄鱼，如尼罗河鳄鱼一样，可能会伤人。有些鳄鱼能杀死狮子、鹿，有时甚至能杀死鲨鱼。

▶ 唯一不会被鳄鱼杀死的动物是埃及鸻，它们能清除鳄鱼牙齿上的残留食物。

蚺　蛇

蚺蛇是出没于南美洲和中美洲雨林中的大型无毒蛇，约有30种，其中最知名的是红尾蚺和水蚺。

▲ 在令猎物窒息之后，蚺蛇张开它的血盆大口将猎物吞下。

缠绕致死

蚺蛇并没有毒。不过，它使用一种叫作挤压紧缩的独特方法杀死猎物。蚺蛇会等着猎物靠近或悄悄地接近猎物，然后抓住猎物，并用自己的身体把猎物包裹起来，不断地紧缩身体，将挣扎的猎物紧紧缠绕住，直到它无法呼吸，再将猎物一口吞下。

红尾蚺

红尾蚺是较著名的一种蚺蛇，它主要生活在干旱的沙漠和潮湿的热带雨林等栖息地。红尾蚺更喜欢旱地或树木，而且不会靠近水域。红尾蚺是蚺蛇家族中体形第二大的蛇，最长可达5.5米。这种蛇以大型蜥蜴、鸟类、啮齿动物和小型哺乳动物为食，尤其喜欢吃蝙蝠。红尾蚺通常从树枝上垂吊下来，一下子抓住飞过的蝙蝠，先令蝙蝠窒息而死，再吞掉它。

▲ 森蚺的颜色和图案有助于它们融入栖息环境。

蛇中巨人

水蚺总共有四种，其中以森蚺最为知名。森蚺不仅是所有蚺蛇中体形最大的，也是世界上最重的蛇。这种巨蛇通常6米长，重约250千克。有些森蚺长度超过10米，重量超过500千克！它的皮肤呈橄榄绿，身体上有椭圆形黑色斑点，头部有两条长长的条纹。

水生动物

水蚺是唯一喜欢在水中生活而非在陆地上生活的蚺蛇，它们也因此得名“水蚺”。水蚺通常出没于缓慢流动的溪流或沼泽中。它们白天会躺在浅水中，或悬垂在溪流及沼泽边的低枝上晒太阳。和所有蚺蛇一样，水蚺在夜间活动，也主要在夜间狩猎。它们潜伏在水中，只把眼睛和鼻孔露出水面。当猎物经过时，水蚺会用强有力的下颌抓住猎物，并将它拖到水中淹死。

▼ 水蚺的鼻孔和眼睛长在头顶之上，即使它身体淹没在水中，也能看到周边的环境并正常呼吸。

动物档案

森蚺

体　　长：	5 ~10米
重　　量：	250 ~500千克
寿　　命：	约10年
饮　　食：	食肉
威　　胁：	人类
保护状态：	低危

蟒　蛇

蟒蛇是无毒蛇，常见于非洲、亚洲、太平洋岛屿和澳大利亚。全球大约有25种蟒蛇。

▲ 蟒蛇的上颚有四排牙齿，这能帮助它咬住猎物而不是咀嚼猎物。

世界上最大的动物

蟒蛇只要活着就能生长。它们的长度在1～10米之间，重达140千克。网纹蟒是世界上最长的蛇，有网纹蟒曾被测量的长度为10米。蟒蛇用牙齿将猎物咬住，然后用自己的身体将猎物缠绕起来。比如大蟒蛇，它们会紧紧地缠住猎物，直到猎物窒息，然后将其头朝下吞进去。蟒蛇吃猴子、鹿、山羊和其他小动物。

▲ 连接蟒蛇上下颌的弹性带能让它吞下比自己头部更宽的猎物。

有弹性的下颌

蟒蛇的上下颌附有韧带，能像弹簧一样伸展。这能让它把嘴张大，将整个猎物吞下。蟒蛇胃里的酸性胃液能够消化食物。根据猎物的大小，蟒蛇可能需要几天甚至几周来消化它。所以，蟒蛇两餐的间隔时间可能很长。刚刚吃饱的蟒蛇几乎一动不动，此时的它们很容易受到攻击。

▲ 网纹蟒身上的颜色和图案能帮助它们融入热带雨林的落叶中。

动物档案

网纹蟒

体　　长：8～15米

重　　量：约150千克

寿　　命：25～30年

饮　　食：食肉

保护状态：濒危

长着脚的蛇？

大多数蟒蛇都有能感知猎物的嘴唇，它们像所有的蛇一样，都有着鳞片状的、干燥的皮肤。与红尾蚺不同，蟒蛇上颚的前部和中部都有牙齿。蛇被认为是蜥蜴类生物的后代，经过数代的进化而失去了腿。蟒蛇的肛门两侧有两个小爪子，那里可能是原来后腿的位置。与大多数其他蛇不同，蟒蛇有两个肺。

蟒蛇的巢

雌性蟒蛇可以产15～100个卵。雌性蟒蛇把卵整理成一堆，然后绕着它们盘起身体，直到把卵孵化出来。大多数蟒蛇喜欢待在地上，躲在灌木丛中。由于它们是优秀的攀爬者，有些物种，像绿树蟒，只生活在树上。蟒蛇也是游泳高手，有时候它们会藏在溪流中，把头露出水面，等待鸟类或小型哺乳动物来到水边。

鼠　类

啮齿动物是哺乳动物，它们的上颚有两颗门牙或前牙，下颚有两颗牙。它们的名字来自拉丁语“rodere”（啃）和“dentis”（牙齿）。它们的牙齿不停生长，以替换那些因几乎不断撕咬而损伤的牙齿。

刺豚鼠

刺豚鼠和豚鼠是亲戚，它们生活在中美洲、墨西哥和南美洲北部。它们通常会在白天吃植物、水果、种子和树根。刺豚鼠吃东西时会坐在自己的后腿上，用前爪抓着食物，还会边吃边撒种子，这样也有助于新树的生长。有些刺豚鼠的尾巴长约2.5厘米。它们跑得飞快，游泳也不错，但受到惊吓时，就会一动不动。

◀ 刺豚鼠体长41～61厘米，体重约4千克。像大多数啮齿动物一样，刺豚鼠也是鹰、蛇、虎猫和美洲虎的猎物。

河狸鼠

河狸鼠在黄昏或黎明时最为活跃。它们体长40～60厘米，体重5～10千克，上半身的皮毛是红棕色的，下半身的皮毛为灰色。它的长尾巴毛发很少，前牙是明亮的橙色。河狸鼠吃植物和谷物，后足有蹼，虽然这使它很善于游泳，但在陆地上却显得很笨拙。它们主要出没于亚洲、欧洲和美洲，狼和蛇是它们的天敌。

▶ 河狸鼠的皮毛如天鹅绒般柔软，它们也因此遭到猎杀。

▼ 水豚会潜水，能在水下停留长达5分钟。

动物档案

水豚

体　　长：1～1.3米

重　　量：27～50千克

寿　　命：8～10年

饮　　食：食草

威　　胁：虎猫、凯门鳄和蟒蛇

保护状态：低危

水豚

水豚是世界上最大的啮齿动物。它们生活在中美洲和南美洲的沼泽地带。这种食草动物吃水草、青草、水果和谷物。有着一身棕色皮毛的水豚是群居动物，它们生活在由6～20只水豚组成的小群体中，彼此用嘶声和口哨交流。雌性水豚每胎生1～6只小水豚，小水豚一出生就有皮毛，而且马上就能看见东西。

▼ 水豚在水中躲避风险，在干燥的陆地上休息。

敌人！

许多食肉动物都对水豚虎视眈眈，比如虎猫、鹰和美洲虎，还有像蟒蛇这种大蛇，甚至连人类也吃水豚！当水豚感觉到危险时，就会发出警告声，冲进水中并游到安全的地方。蹼能很好地帮助它们游泳。

虎猫与美洲豹

美洲豹和虎猫都属于猫科动物。它们出没于中美洲和南美洲的热带雨林之中。

虎猫

虎猫看起来有点像家猫。然而，它却是一种几乎从北美洲消失的野猫。虎猫喜欢独自生活和狩猎。它在晚上视力很好，通常是昼伏夜出，这是一种舒适的生活。虎猫甚至睡在较低的树枝上，但通常在地上狩猎。它还是优秀的游泳健将和了不起的攀登者。

▲ 虎猫非常敏捷，攀登速度很快。它具有敏锐的视觉和听觉，这有助于它高效捕猎。

完美的捕食者

雌性虎猫每胎生1～4只幼崽，小家伙们出生时，眼睛是闭着的。虎猫经常捕食鸟类、猴子、蛇、青蛙、牛、家禽，甚至是鱼作为食物。包括尾巴在内，虎猫长为80～140厘米，重量在6.6～15.5千克之间。它们独特的皮毛带有斑点和条纹，能帮助它们在树木和灌木丛中藏身。

◀ 虎猫皮毛的颜色从黄褐色到浅灰色不等，这取决于它的栖息地在哪里。

美洲豹

美洲豹是体形第三大的猫科动物，它比老虎和狮子的个头小。美洲豹比豹子的体重更重，体形也更大。它们是美洲最强大的猫科动物，黄褐色的皮毛里面有斑点。美洲豹脑袋大，腿又短又结实。它们的上肢肌肉发达，能帮助它们拖动超过自身体重6倍的猎物。

动物档案

美洲豹

体　　长：1.12 ～1.85 米

重　　量：36 ～158 千克

寿　　命：约18 年

饮　　食：鹿、凯门鳄、青蛙、鸟和老鼠

威　　胁：人类

保护状态：近危

估计数量：15 000 只

▲ 强大的美洲豹是古代美洲人力量的象征。

强大的猎人

美洲豹会爬树，游泳也很出色，这能帮助它们捕食各种猎物。它们善于奔跑，虽然它们并不喜欢长时间追逐猎物。它们喜欢偷偷接近猎物，然后突然发起袭击。美洲豹以各种动物为食，从鹿到老鼠都是它的美餐。美洲豹拥有一种独特的捕猎方法。它并不像其他捕猎的动物那样一口咬住猎物的脊椎，而是咬穿猎物的头骨。这种捕猎方法有时会导致它们的牙齿断掉。美洲豹每天吃5～32千克的肉。

◀ 雌性美洲豹每胎生1 ～4 只幼崽，用两年的时间训练它们狩猎。

▲ 老虎是游泳健将，经常喜欢在浅水中嬉戏，让自己凉快下来。

老　虎

老虎是食物链顶端的捕食者，它们的存在有助于维持自然界的平衡。老虎通过捕食那些以植物为食的小动物，防止过多的植物被吃掉，从而确保生态系统的平衡。

老虎

老虎分布在亚洲，它们是猫科动物的成员。像其他的猫科动物一样，它们在晚上也能看得很清楚。它们的利爪可以缩回脚掌里。老虎的犬齿是陆地食肉动物中最大的。除非有幼崽，老虎通常都会独自生活。它们用留在树上的划痕和尿液标记自己的领地。

国王的食物

老虎吃鹿、野猪、兔子和牛等动物，如果食物短缺，它们也会吃鱼和青蛙。老虎会偷偷地捕捉猎物，它们爪子上的软垫让它们悄无声息地移动。经过短跑冲刺，它们会猛扑上去咬住猎物的脖子。每20次的追逐中，就有一次以杀戮结束。老虎一次可以吃18千克食物，并且能在接下来的几天内不吃东西。雌虎每胎生2～4只幼崽，哺乳期约6个月。小老虎们大约用18个月的时间学习捕杀猎物。

▼ 幼崽两个月大时，虎妈妈会把它们从窝里带出来。小老虎们很贪玩儿。

孟加拉虎

孟加拉虎得名于印度的桑德班斯红树林，许多孟加拉虎都在那里生活。它们也出没于印度和缅甸的部分地区。孟加拉虎有橙色的皮毛，上面有棕色、灰色或黑色的垂直条纹，有助于它们在高高的草丛中藏身。

▲ 孟加拉虎是印度的国兽。

动物档案

孟加拉虎

体　长：1.7 ~2.4 米

重　量：160 ~270 千克

寿　命：20 ~25 年

饮　食：水牛、鹿和野生哺乳动物

威　胁：人类

保护状态：濒危

估计数量：2 500 只

苏门答腊虎

苏门答腊虎是所有老虎中体形最小的，生活在印度尼西亚的苏门答腊岛上。这些老虎比其他品种的老虎跑得更快，它们身上的条纹要比孟加拉虎身上的条纹窄。目前，在野外只剩下约500只苏门答腊虎，它们属于非常濒危的野生动物。

◀ 每只老虎都有自己独特的条纹，就像人类的指纹一样。在所有老虎中，苏门答腊虎的条纹最多。

大猩猩和黑猩猩

大猩猩和黑猩猩非常聪明，它们与人类关系密切。通过散播种子，它们确保新的树木在整个森林中生长，并以此帮助维持雨林的生态环境。

黑猩猩

黑猩猩与人类关系密切，而且没有尾巴。黑猩猩有两种：普通黑猩猩和倭黑猩猩或侏儒黑猩猩。黑猩猩属于灵长类动物，非常聪明。事实上，它们的脑容量是人类大脑的一半。和人类一样，它们能用工具解决问题。它们用棍子从洞里挖出昆虫，用草茎、树皮和树叶制作工具。它们吃大约200种不同的食物，包括水果、树叶、蜂蜜、蚂蚁和鸟类。

▲ 黑猩猩相对的大脚趾和其余脚趾能帮助它们抓住物体。

树叶之中

黑猩猩在树枝之间筑巢，晚上就睡在巢中。在地面时，它们四肢着地行走。普通黑猩猩的手臂比自己身高的一半还长，倭黑猩猩的胳膊甚至更长。黑猩猩能发出超过34种不同的叫声，母猩猩每胎生一个宝宝。我们对黑猩猩的了解大多要归功于珍·古道尔，她从1960年7月开始在坦桑尼亚的贡贝保护区研究黑猩猩。

◀ 黑猩猩善于攀登，还能从一棵树荡到另一棵树上。

▲ 每个大猩猩的鼻子略有不同，这有助于它们识别彼此。

▼ 母猩猩温柔地照顾着自己的宝宝，小猩猩会趴在妈妈的肚子上，或者不离妈妈左右，直到它们长到大约一岁。

大猩猩

希腊语中用“Gorillai”来称呼一个有着长毛发的女性部落，大猩猩也因此得名。它们看起来凶悍，其实既温柔，又聪明。大猩猩生活在刚果（金）、卢旺达、乌干达、尼日利亚、加蓬、刚果（布）、喀麦隆和中非共和国。它们用四肢行走，并用前肢的关节来支撑身体。大猩猩吃树叶、花、蘑菇甚至昆虫。

动物档案

大猩猩

身　　高：1.25 ~1.8 米

重　　量：68 ~195 千克

寿　　命：35 ~40 年

饮　　食：食草

威　　胁：人类

保护状态：极危

估计数量：100 000 只

社会动物

大猩猩生活在由多达30个成员组成的群体之中。每个群体中都有一名成年雄性或银背大猩猩，有三四只成年雌性大猩猩和它们的孩子。雌性大猩猩是体贴入微的母亲，小猩猩有4年左右的时间和母亲在一起。大猩猩的父母会在危险时保护孩子，哪怕是牺牲自己的生命。它们用22种不同的声音互相交谈，从低沉的叫声到尖叫声，直至吠叫声。

其他猿类

猿和猴子的主要区别是猿没有尾巴，且猿有更好的视觉和嗅觉。

长臂猿

长臂猿家族可谓人丁兴旺。这个家族包括大约9种不同的猿类，如马来西亚和印度尼西亚苏门答腊岛的长臂猿，马来西亚的白掌长臂猿和印度尼西亚爪哇岛的灰长臂猿。长臂猿身材苗条，有着毛茸茸的皮毛，长长的手臂能在树上荡来荡去，它们是唯一靠后腿行走的猿类。长臂猿能发出许多不同的声音用来相互交流，它们以水果、花朵、树叶、鸟、昆虫和蛋为食。

充满爱的家庭

每100种动物种族中只有6种保持着“一夫一妻”制，长臂猿就是其中之一。雌性长臂猿通常一次只生一个婴儿，而长臂猿家族通常包括4个10岁以下的孩子。有时，特别是在拂晓时分，长臂猿父母们会加入孩子的行列，共唱一首歌。雌性长臂猿的体形比配偶大，是家族的领袖。长臂猿并不筑巢，部分长臂猿坐在地上睡觉，手臂裹在自己的膝盖上。

▼ 长臂猿有一圈灰白色的毛发环绕着它们的黑色面孔。

红毛猩猩

红毛猩猩，马来语的意思是“丛林之人”。这种猿来自亚洲，只出没于苏门答腊岛、婆罗洲。红毛猩猩身材魁梧，弓形腿，大部分时间生活在树上，它们用长而结实的胳膊在树枝间摇荡。它们有四个手指和一个拇指，拇指与其他手指间存在一定角度。它的脚有四个脚趾和一个大脚趾，大脚趾像拇指一样弯曲成一个角度，这样它们就能用手和脚一起抓住树枝。在地上时，它们用四肢行走。每天晚上，红毛猩猩都会在树上筑巢休息。

▲ 雌性红毛猩猩会哺育宝宝3 年。

食物丰盛

红毛猩猩吃植物和动物。它们喜欢水果、种子、嫩枝、鲜叶、花卉和植物鳞茎，也吃昆虫、蛋、鸟和小型哺乳动物。红毛猩猩喜欢独居。这些聪明的动物可以用工具解决问题。有些红毛猩猩用树叶制成杯子来喝水，其他红毛猩猩用树叶作为雨伞。雄性红毛猩猩有一个喉囊，这能帮助它们发出很大声音，在1千米之外都能听见。

动物档案

红毛猩猩

身　　高：1.15 ~1.37 米

重　　量：37 ~75 千克

寿　　命：约30 年

饮　　食：食草

威　　胁：人类

保护状态：极危

估计数量：115 000 只

◀ 红毛猩猩是在亚洲发现的唯一一种大型猿类。

猴　子

猴子是雨林的重要组成部分。大多数猴子在吃水果时，要么把种子扔掉，要么把种子和粪便一起排泄出去，间接播撒树木的种子。

▲ 蜘蛛猴在树上荡来荡去时，表现出高超的杂技技巧。

蜘蛛猴

蜘蛛猴分布于巴西南部和墨西哥中部。它们以纤细的胳膊和腿而得名，纤长的四肢使它们能够跨越难以置信的距离。在所有猴子之中，蜘蛛猴的尾巴最长也最强壮。它们的尾巴能很好地抓住树枝，就像蜘蛛猴的第五肢。当它们在树上荡来荡去的时候，尾巴能支撑着它们的身体。当它们穿过树林时，会用手抓住一根树枝，将身体悬挂起来。它们吃水果、坚果、树叶和昆虫。

狐尾猴

狐尾猴出没于亚马孙的北部。雄性狐尾猴的脸是白色的，雌性狐尾猴脸上有白色斑纹。它们强壮的后腿有助于它们跳跃。狐尾猴吃水果和种子，它们的大犬齿能咬开坚果和其他食物。这些贪吃的家伙也吃小蝙蝠、松鼠和老鼠。与大多数猴子不同，狐尾猴生活在由父母和孩子组成的小家庭中。

◀ 狐尾猴更喜欢生活在较低的树冠层和雨林中的林下层。

绒毛猴

绒毛猴的脑袋大、体形宽、皮毛厚，它们因此而得名。绒毛猴生活在树枝的上部，很少从树上下来，它能用尾巴缠绕住树枝，防止自己掉下来。绒毛猴有一个反向的脚趾，能帮助它更好地抓住东西。然而，它的拇指不是反向的。绒毛猴过群居生活，每群由5～40只绒毛猴组成。它们吃水果、树叶和昆虫。

▲ 绒毛猴在爬树或在树间摇荡时，尾巴能帮助它抓住树枝。

动物档案

吼猴

体　　长：	56 ～92 厘米
重　　量：	3.5 ～10 千克
寿　　命：	15 ～20 年
饮　　食：	树叶、水果和昆虫
威　　胁：	人类
保护状态：	易危
估计数量：	11 000 只

吼猴

吼猴生活在巴西南部、阿根廷北部、巴拉圭和玻利维亚，是美洲最大的猴子。吼猴有一块大而中空的舌骨，这是可以支撑舌头的骨骼，能让它发出并放大声音。所有陆地动物发出的声音中，吼猴的叫声最响亮。它们的吼声能传到4.8千米之外！吼猴生活在树冠之中，很少走到森林地上。它们以树叶、果实、种子、花和昆虫等为食，在白天活动。

▶ 雄性吼猴的毛发是深棕色到黑色的，而雌性吼猴则是浅棕色的。

树　懒

▲ 树懒用脚上有力的钩状爪子牢牢抓住树枝。

“树懒”一词意味着懒惰。这种毛茸茸的树栖哺乳动物生活在中美洲和南美洲的雨林中。它们因动作缓慢而得名。

倒挂金钟

树懒一生大部分时间都倒挂在树上。它们把自己挂在树上移动、睡觉、进食，甚至生产。只有需要移动到另一棵树上时，树懒才会触到地面，这也正是美洲豹和虎猫等食肉动物攻击它们的好时候。树懒有着厚厚的棕色皮毛，虽然看起来有些发绿，那是因为它们的毛发上长着藻类，这是它们在树叶中藏身时的伪装。当树懒舔食这些藻类时，这些藻类也是良好的营养来源。

▲ 树懒的肌肉并不适合直立行走，所以它大部分时间都倒挂在树上。

绿色饮食

树懒主要食草，虽然也有些树懒吃昆虫和小蜥蜴。它们喜欢吃新鲜的树叶，也喜欢吃水果和嫩芽。树懒消化树叶需要差不多一个月的时间，它们的胃有很多隔间，能帮助它们消化食物。树懒没有门牙，它们会用坚硬的嘴唇从树枝上把树叶咬下来，因为太能吃了，它们的小白齿都被磨损了。不过，在树懒的一生中，小白齿会一直生长。树懒不需要喝水，它们会从多汁的树叶和露珠中汲取水分。

晚安

树懒白天会睡15～18个小时，晚上却很活跃。雄性树懒喜欢独自生活，但雌性树懒有时会一起生活。雌性树懒每年会生一个宝宝。

▲ 树懒睡觉时会蜷缩起来，把头放在胳膊和腿之间，与树融为一体。

动物档案

树懒

体　　长：60 ~80 厘米

体　　重：3.6 ~7.7 千克

寿　　命：约20 年

饮　　食：树叶、树芽、水果

保护状态：极危

二趾还是三趾？

树懒有着大眼睛和大长腿，它们的前肢和后肢上有强壮的爪子，这些爪子给了树懒很好的抓地力。有些树懒有两个脚趾，如二趾树懒；其他树懒有三个脚趾，如三趾树懒。二趾树懒没有尾巴，它们的前后腿几乎相同，而三趾树懒的后腿较长，而且有小尾巴。尽管不是来自同一个家庭，但所有树懒都是害羞的动物，它们大多数时间是沉默的，只是偶尔会发出呐喊声或嘶嘶声。

▲ 树懒抵御危险的主要方式就是伪装。

其他哺乳动物

雨林也是其他小型哺乳动物的家园。它们通常在夜间活动，行事隐秘，这也有助于它们躲避天敌。

眼镜猴

眼镜猴的名字来源于脚上的长跗骨或踝骨。晚上四处乱窜时，它需要用大大的金鱼眼来看清周围环境。当它跳起来捕捉昆虫时，长长的后腿就派上了用场。眼镜猴比老鼠稍大一些。不过，虽然它们个头小，却是好猎手，它们以鸟类、蜥蜴和蛇为食。眼镜猴分布在印度尼西亚、婆罗洲和菲律宾群岛。

▲ 眼镜猴手指和脚趾上的软垫能帮助它们在攀爬时抓住树枝。

针鼹

针鼹又称多刺食蚁兽，是以希腊怪兽的名字命名的。它们没有牙齿，以蚂蚁和白蚁为食，会用自己长长的鼻子挖出食物。针鼹与鸭嘴兽一样，属于单孔目动物，即卵生却哺乳幼崽的哺乳动物。雌性针鼹会产下一枚革质卵，并将其放入胸前的小袋中，10天后孵化出小针鼹。小家伙会在袋子里住上大约50天。针鼹生活在澳大利亚和新几内亚。

▶ 针鼹身上覆盖着粗糙的毛发和刺。

蜜熊

蜜熊的脑袋圆、耳朵小，它们牙齿锋利，有着柔软的棕色皮毛。

蜜熊是一种有趣的哺乳动物，来自中美洲和南美洲，属于浣熊科。人们认为这种小动物有小熊的脸、水獭一样的身体和猴子的尾巴！它们有时候被称为“夜行者”，因为它们只在晚上出来吃水果、花卉、昆虫和鸟类等食物，而且它们的唾液有毒。因为喜欢舔蜂房里的蜂蜜，它们也被称为蜂蜜熊。白天，蜜熊睡在树上，用自己40～56厘米长的尾巴缠绕着树枝，以防掉落。它们能在树间快速移动，受到惊吓时会用锋利的牙齿撕咬攻击者。它们的天敌包括狐狸、美洲豹和虎猫。

动物档案

鸭嘴兽

体　长：43 ～50 厘米

体　重：0.7 ～2.4 千克

寿　命：10 ～15 年

饮　食：昆虫和虾

威　胁：人类

保护状态：低危

估计数量：10 000 ～100 000 只

鸭嘴兽用长着蹼的前爪平稳地游动。在地面上时，它会用爪子抓住土壤移动。

鸭嘴兽

鸭嘴兽生活在澳大利亚东部，身上棕色的皮毛和宽尾巴有助于保暖。雌性鸭嘴兽一次产卵2～3个，然后哺育幼兽。蹼使鸭嘴兽成为游泳好手。雄性鸭嘴兽的每只后腿上都有一根刺，能释放出剧毒，用来保护自己免受天敌的攻击。鸭嘴兽生活在陆地上和水中，以昆虫和虾为食。

蝴蝶

大多数的蝴蝶都在热带雨林中生活，尤其是在南美洲。蝴蝶的种类很多，仅秘鲁就约有6 000种。

茱莉亚蝶

茱莉亚蝶是一种美丽的蝴蝶，它们长着橘色的翅膀，翅膀边缘是黑色的，翼展为82～92毫米。雌性蝴蝶颜色较浅，比雄性蝴蝶有着更多的黑色斑纹。分布于从巴西到美国得克萨斯州南部和佛罗里达州，茱莉亚蝶喜食马缨丹和咸丰草花蜜。雌性蝴蝶在新生的叶子上产卵，幼虫一旦孵化，就会吃这些叶子。

▲ 茱莉亚蝶的橘色翅膀充满活力。

大蓝闪蝶

大蓝闪蝶生活在巴西、哥斯达黎加和委内瑞拉。它们的翅膀上表面是蓝色的，当蝴蝶休息时，身体下表面呈棕色，有着铜色斑点。大蓝闪蝶吮吸腐烂水果的汁液，当它们被打扰时，会散发出难闻的气味。它们毛茸茸的幼虫是红褐色的，背上有浅绿色的斑点。

▶ 大蓝闪蝶很大，翼展可达15厘米！

▶ 黑脉金斑蝶从乳草植物中吸取花蜜。

黑脉金斑蝶

黑脉金斑蝶是世界上飞得最快的蝴蝶，每小时能飞27千米！每年都有成群的黑脉金斑蝶从加拿大迁徙到中美洲的热带雨林，有些飞行超过了3 218千米。这种蝴蝶有毒，因为它们的幼虫以有毒的马利筋为食。这使它们免受捕食者的威胁，因为捕食者一旦吃了它们就会生病，然后就会永远记住不再吃它们。黑脉金斑蝶吸食马利筋、马缨丹、丁香、毒狗草、红三叶草和蓟花的花蜜，它们的翼展为8.6～12.4厘米。

动物档案

天堂凤蝶

体　　长：11厘米

翼　　展：约14厘米

寿　　命：约1年

饮　　食：食草

威　　胁：鸟类、老鼠、青蛙和昆虫

保护状态：低危

天堂凤蝶

天堂凤蝶生活在澳大利亚、新几内亚和印度尼西亚。从天堂凤蝶底翅的尖端长出两条长长的尾巴，燕尾服就是得名于此。雌性蝶比雄性蝶略大一些，但是雌性蝶翅膀上的蓝色比充满活力的雄性蝶少。天堂凤蝶的蝶蛹并不是蓝色的，而是绿色的。由于这些蝴蝶实在太蓝了，雄性蝶经常把蓝色的花朵误认为是雌性蝶。鸟类很难捕捉到天堂凤蝶，因为它们身上鲜艳的颜色会分散鸟儿的注意力。

◀ 天堂凤蝶又称英雄翠凤蝶。

其他昆虫

昆虫的典型特征是有三对带有关节的腿、头部、胸部和腹部、坚硬的外骨骼、一对触角及翅膀。有些昆虫体形非常细小，比如蜂鸟花螨，可以放进蜂鸟的鼻孔里！

甲虫

热带雨林中有数以百万计的甲虫。宝石甲虫的翅膀色彩鲜艳，像宝石一样闪耀。昆虫大多以花蜜为食，而它们的幼虫或小虫会钻入木头中取食。黑色雄性犀牛甲虫的头部前面有一个突出的角。大力士甲虫有一只看起来像毒刺的钳子，但实际上只是用来吓跑捕食者的。

雨林中五彩斑斓的甲虫。

蜜蜂

在所有帮助花卉授粉的雨林生物中，蜜蜂是最忙碌和最重要的。许多蜜蜂（像管蜂）并不会蜇人。管蜂因常常从人体上吸汗，所以也被称为“汗蜂”。其他的蜜蜂并不会去采集花粉，而是以死去的动物为食。有些蜜蜂从其他蜜蜂的巢中收集植物树脂，用来给自己筑巢。

蜜蜂用口器从花朵中吸取花蜜。

▲ 蚂蚁能帮助清理森林地表上那些死去的和垂死的昆虫。

蚂蚁

在雨林中，蚂蚁比哺乳动物还多。亚马孙河流域大约每10种生物中就有3种是蚂蚁，在树冠层发现的动物中有86%是蚂蚁。在秘鲁的一项研究中显示，仅在一棵树上就发现了43种不同种类的蚂蚁！仅一块蚁穴就可能容纳数以百万计的蚂蚁居民，包括蚁后、雄蚁和一群没有翅膀的雌工蚁。蚁后每天产卵超过1亿个！

动物档案

切叶蚁

体　　长：约30 毫米

寿　　命：约15 年

饮　　食：食草

威　　胁：蚤蝇

保护状态：低危

估计数量：上百万只

种类繁多

蚂蚁有许多不同的种类，每种都有自己的特点。最具攻击性的是盲目的行军蚁，地中海蚂蚁能把它们咀嚼的种子做成“饼干”。蜜蚁会给自己的幼蚁喂食大量的蜂蜜，以至这些幼蚁会在旱季变作成年蚂蚁的食物罐。切叶蚁会把树叶切下来，背回巢穴。每只切叶蚁能携带10倍于自身体重的树叶。它会把那些树叶咬成浆汁，随后发酵，浆汁上就会长出菌菇，菌菇会成为切叶蚁的美食。木蚁因在木头上挖洞筑巢而得名。

◀ 许多鸟类都会跟随蚂蚁群去吃大点的昆虫和爬行动物，因为这些动物会被成千上万只行进中的蚂蚁惊扰而暴露它们的藏身之处。

金刚鹦鹉和巨嘴鸟

热带雨林中有许多住在雨林最上面两层的鸟类，它们栖息在最高的树枝和树冠上。许多像金刚鹦鹉和巨嘴鸟这样的鸟儿都有自己独特的生活习性，帮助它们在那里生存。

金刚鹦鹉

金刚鹦鹉属于鹦形目鸟类，它们的名字来源于一种名为“红色素”的色素，这种色素赋予它们灿烂的颜色。17种金刚鹦鹉都与鹦鹉有亲缘关系，它们的喙很坚硬，呈弯曲状。它们的上喙尖端很锋利，用来撕扯食物。金刚鹦鹉吃水果、种子和坚果。它们的尾巴很长，羽毛要比其他大多数鸟类的羽毛少，而且结实。紫蓝金刚鹦鹉是世界上最大的金刚鹦鹉，体长可达100厘米。体形最小的是南美洲的红肩金刚鹦鹉，只有紫蓝金刚鹦鹉的三分之一大小。

▲ 五彩斑斓的金刚鹦鹉。

群居的鸟类

金刚鹦鹉是一种群居鸟类，它们在幼年时就会选择伴侣。如果一只金刚鹦鹉死了，另一只就会烦躁不安，通常也活不了多久。金刚鹦鹉在树洞里筑巢。它们是一种叽叽喳喳、聪明伶俐的鸟，善于模仿，这使它们成为颇受人们欢迎的宠物。不幸的是，这也导致了一些品种的灭绝，比如斯比克斯金刚鹦鹉。

◀ 金刚鹦鹉的脚前面有两个脚趾，后面也有两个脚趾，这使它们能很好地抓住物体。

巨嘴鸟的外形

巨嘴鸟有着巨大而鲜艳的喙以及圆圆的尾巴和粗壮的身体。在大约40多个品种中，有一些鸟喙的长度要超过身体的一半，但它却很轻，鸟喙边缘的形状像锯齿。巨嘴鸟的翼展比其他鸟类小，这是因为它们生活在森林里，只需飞很短的距离。与金刚鹦鹉不同的是，巨嘴鸟有纤细却被磨损了的舌头。

巨嘴鸟的习性

巨嘴鸟吃水果、昆虫、鸟卵甚至小鸟。它们会吃下整个水果，然后再把种子吐出来。它们在树干上的洞里产下1～4枚卵。父母双方轮流孵卵并喂养小鸟。由于巨嘴鸟并不怎么飞行，所以它们会在地上跳来跳去。

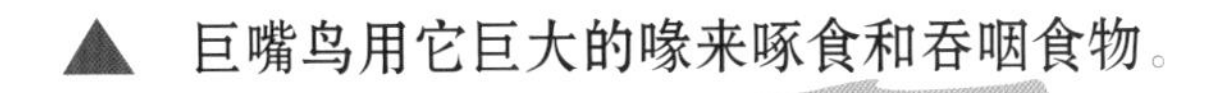

▲ 巨嘴鸟用它巨大的喙来啄食和吞咽食物。

动物档案

托哥巨嘴鸟

体　　长：55 ～65 厘米

体　　重：500 ～860 克

寿　　命：10 ～15 年

饮　　食：杂食

威　　胁：猛禽和野猫

保护状态：低危

◀ 只有在美洲的雨林中才能见到巨嘴鸟。

其他鸟类

热带雨林是各种鸟类的家园。有些鸟儿飞得很好；有些鸟儿飞得不好；还有些鸟儿完全不会飞，只能在陆地上蹦来跳去。

鹤鸵

鹤鸵是澳大利亚和新几内亚的一种不会飞的鸟类，它奔跑的速度为每小时48千米。鹤鸵会用自己强有力的腿和锋利的三趾脚爪踢人自卫。它的中爪长12厘米，可以将攻击者撕裂。鹤鸵的头上有一个骨冠，用于在森林的灌木丛中开辟小路。鹤鸵吃水果、昆虫、青蛙，甚至蛇。

▲ 鹤鸵在雨林中奔跑，对植物种子传播非常有利。

绿咬鹃

绿咬鹃是南美洲一种色彩鲜艳的大鸟。雄性鸟的体长大约38厘米，绿尾巴长约61厘米。绿咬鹃喜欢独居，不善于飞行，这使得它们很容易成为鹰和猫头鹰的目标。雌性绿咬鹃会在树洞里产下一两枚蓝色的卵。父母双方都会去孵卵，卵大约会在两周后被孵化。雄性绿咬鹃是位活跃的父亲，如果妈妈不在附近，它就会哺育幼鸟。绿咬鹃以水果、蜗牛、青蛙和昆虫为食。

▶ 绿咬鹃有一条长约1米的漂亮尾巴。

咬鹃

在大多数热带雨林中都会发现咬鹃的身影，尤其是在中美洲和南美洲。它们的名字来源于希腊语，表示“啃”，因为它们啃食树木来挖洞筑巢。其他的鸟第一个和第四个脚趾朝向后面，而咬鹃不同，它的第一个和第二个脚趾朝向后面，这使它们的抓力减弱。咬鹃的喙又短又宽。它们吃水果和昆虫，主要生活在树上。

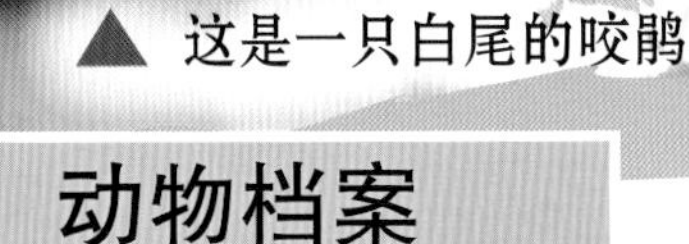

▲ 这是一只白尾的咬鹃。

动物档案

裸颈鹳

体　　长：1.2 ~1.5 米

翼　　展：2.3 ~2.8 米

体　　重：4 ~9 千克

寿　　命：约36 年

饮　　食：鱼、两栖动物和爬行动物

威　　胁：浣熊

保护状态：低危

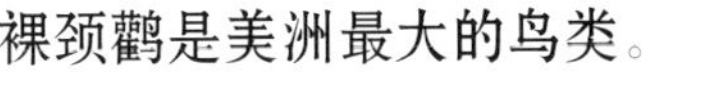

◀ 裸颈鹳是美洲最大的鸟类。

裸颈鹳

裸颈鹳是热带雨林中最大的鸟类之一，它的名字的意思是“肿胀的脖子”。它有一个沉重的喙，用于捕捉青蛙、蛇和鱼类。它们成群结队地生活在水边、沼泽或泻湖附近。在11月时，这种鸟会在沼泽低地的高大树木上筑巢，到了7月份，幼鸟就准备好和父母一起飞向北方了。从墨西哥南部到阿根廷北部，都能找到裸颈鹳的踪影。

处境堪忧的热带雨林

▲ 人们为了扩大城市而砍伐森林。

热带雨林已经存在了几百万年。可悲的是，在过去的几个世纪里，人类一直在砍伐热带雨林中的树木。热带雨林曾经占地表面积的14%，而现在只占6%。专家表示，热带雨林可能在不到100年的时间内消失，这对生活在那里的千万种动植物是灾难。

▲ 很多珍稀动物被非法猎杀，并在黑市上出售。

动物减少，人口数量增长

随着动物数量的减少，人口的数量却在增加。20世纪出生的人数比以往任何时候都多。1800年，人口数量约为10亿；到1950年，人口数量为26亿，而今天已经达到65亿；与此同时，由于家园正在被摧毁，动物的数量正在迅速减少。

更多的事

热带雨林由于多种原因被砍伐，因为人类需要更多的空间居住，需要建造房屋和制作家具，还需要更多的土地种植农作物。不幸的是，这些举动使得热带雨林中的飞禽走兽失去家园而死亡。像老虎、蟒蛇、猴子和鸟类这样的动物，人们为了获取它们的毛皮和羽毛而将它们非法猎杀。有些地方，动物的牙齿和爪子被用来制作珠宝，动物身体的某些部位被用于制作传统药物。此外，鹦鹉和蟒蛇作为宠物被非法出售，而当它们离开了热带雨林，很难生存或繁殖。

▲ 洪水造成很多破坏：动物和人类会因此丧生，树木被连根拔起，财产也被毁坏。

全球状况

森林砍伐对整个世界的影响要比我们想象的更严重。如果吸收二氧化碳和甲烷等温室气体的树木越来越少，地球就会变得更加干燥、炎热，这意味着全球生态系统之间存在的平衡会被打乱。当森林被砍伐时，更多的土壤被侵蚀，雨水会直接落到地面上，而且没有树木根系来防止土壤被冲走，将导致一系列环境问题，如洪水。

▲ 蜂鸟在寒冷的冬季可能会因为无家可归而死去。

走着，走着，消失了！

由于栖息地的丧失和人们的捕猎行为，有人估计热带雨林中的许多物种都在日渐灭绝。其中有几种野兽、昆虫和鸟类已经永远消失了。例如，在科学家能够收集到金蛙这种两栖动物的样本进行研究之前，它就已经彻底消失了。像美洲豹和老虎这样的大型动物，需要更大的空间来保持健康。当森林被砍伐，野生动物被迫迁移到更小的栖息地，这种改变对它们来说是致命的。候鸟，如蜂鸟，一年只去热带雨林一次，如此一来，它们在冬天将无处可去。所有的生命，包括我们人类的生命，都与动植物的生命相关。环境是一种需要精心维持平衡的系统，这就是生态系统。当这种平衡被打破，灾难将会随之而来！